创意数学：我的数学拓展思维训练书

MATH FABLES TOO

寓言中的数学

2

[美]格雷戈·唐◎著

[美]塔亚·莫里◎绘

小杨老师◎译

哈尔滨出版社
HARBIN PUBLISHING HOUSE

怀着对哈提的爱
——格雷戈·唐

致海瑟·贝里根，一位和蔼可亲的数学老师
——塔亚·莫里

黑版贸审字 08-2019-237 号

图书在版编目（CIP）数据

寓言中的数学.2 /（美）格雷戈·唐（Greg Tang）著；
（美）塔亚·莫里（Taia Morley）绘；小杨老师译.
—哈尔滨：哈尔滨出版社，2020.11
（创意数学：我的数学拓展思维训练书）
书名原文：MATH FABLES TOO
ISBN 978-7-5484-5077-1

Ⅰ.①寓…Ⅱ.①格…②塔…③小…Ⅲ.①数学－
儿童读物Ⅳ.①O1-49

中国版本图书馆CIP数据核字(2020)第144203号

书　名：创意数学：我的数学拓展思维训练书.寓言中的数学.2
CHUANGYI SHUXUE:WODE SHUXUE TUOZHAN SIWEI
XUNLIAN SHU.YUYAN ZHONG DE SHUXUE.2
作　者：[美]格雷戈·唐 著　[美]塔亚·莫里 绘　小杨老师 译
责任编辑：滕 达　尉晓敏　　责任审校：李 战
特约编辑：李静怡　翟羽佳　　美术设计：官 兰

出版发行：哈尔滨出版社（Harbin Publishing House）
社　　址：哈尔滨市松北区世坤路738号9号楼　邮编：150028
经　　销：全国新华书店
印　　刷：深圳市彩美印刷有限公司
网　　址：www.hrbcbs.com　　www.mifengniao.com
E-mail：hrbcbs@yeah.net
编辑版权热线：（0451）87900271　87900272
销售热线：（0451）87900202　87900203

开　本：889mm×1194mm　1/16　印张：19　字数：64
版　次：2020年11月第1版
印　次：2020年11月第1次印刷
书　号：ISBN 978-7-5484-5077-1
定　价：158.00元（全8册）

凡购本社图书发现印装错误，请与本社印制部联系调换。
服务热线：（0451）87900278

作者手记

每个孩子的数学之旅都是从数数开始的。可最重要的是接下来的第二步，也就是从数数到加法（或一次只思考一个问题到多个问题）的过渡，这需要孩子掌握多角度、高效的思考方法。遗憾的是，很多孩子从未有过这样一个关键过渡期，他们的数学思维一生都停留在数数的初级阶段，难怪他们觉得数学很难！

我写这本书的目的就是要帮助孩子们学会数数，更重要的是为他们学习加法奠定基础。在孩子们刚接触数字时，我就鼓励他们学着把看到的数字用其他的数字（相加或相减）表示出来，这是数学学习的关键。孩子们如果在成长初期掌握了分解个位数字的能力，那么解决其他问题，如位值、算术、应用题，就都是水到渠成的事情了。

书中每一则寓言都以介绍数字开始，将数字视为一个单独的、可计算的组合。随着故事的展开，我将数字分解成几个小组，让孩子的注意力从数数转移到加法，从具象思维转向抽象思维，我认为这一过渡是孩子早期教育的关键一步。之后，你会发现数学学得好的孩子都习惯抽象思维。

除了数学学习，我写这本书还有一些其他目的。首先，我希望通过培养孩子们对动物的喜爱，让他们对科学更感兴趣。每一则寓言都讲述了动物们有趣的小知识以及一些解决问题的聪明方法。最让我感兴趣的是，动物们在解决问题时也会使用工具，这一行为一度被认为是人类独有的。其次，我特意使用了一些 3 ～ 7 岁的孩子难理解的词语。我坚信这个年龄段是学习词语最好的时期，因为这时孩子常常会重复读同一本书。

最后，我希望《寓言中的数学》和《寓言中的数学 2》两本书可以给孩子们传递一些积极正面的信息，让他们在实际生活和学习中受益良多。我写《创意数学：我的数学拓展思维训练书》这套书的目的是希望可以培养快乐、勤奋、聪明的孩子，希望他们可以学会创造性地独立思考，热爱学习。祝你们阅读愉快！

Greg Tang

格雷戈·唐

神奇的分娩

海草的叶片间，**1** 只海马独自游来游去。它的肚子里有最让它骄傲的宝贝们。

怀孕的海马爸爸其实是一种体型罕见的鱼类。它很开心和其他鱼类不同，独一无二！

白日做梦

一天夜里，**2** 只树袋熊正在寻找一些香甜的食物。它们手脚敏捷地爬上了一棵桉树。

桉树对大多数动物来说是有毒的，不过树袋熊对此免疫，可以安心享用桉树叶。

1 只树袋熊轻轻地咬了一口叶子，另外 **1** 只刚大吃一顿。对于这些挑三拣四的食客来说，叶子的味道必须刚刚好。

2 只树袋熊都很喜欢树叶的味道，一直吃到天亮。它们是夜行动物，准备在白天呼呼大睡。

保护鼻子

3 只海豚正在海底觅食，
不过石头鱼早就将自己埋在沙
子里隐蔽好了，海豚们的鼻子
马上就要遭殃了。

被石头鱼咬到会十分痛苦，海豚们必须要提高警惕。可石头鱼总是伪装成海底的石头，很难被发现。

2 只海豚看到 **1** 只聪明的母海豚在鼻子上套了一截海绵。它的鼻子被保护得好好的，觅食时再也不用担心了。

3 只海豚都用上了这个
聪明的办法。要知道，模仿
就是最真诚的恭维。

静候佳音

一个温暖和煦的夏日，**4** 只绿鹭聚集在河岸的沼泽。

绿鹭是一帮狡猾的家伙，善用诱饵引诱鱼群。它们不会追着鱼跑，而是设下陷阱，静静等待。

3 只绿鹭拔下羽毛引鱼上钩，另外 **1** 只则用小树枝当作诱饵。鱼儿们以为都是小虫子。真是个以假乱真的聪明伎俩。

一些小鱼浮出水面，期待着能美餐一顿。可绿鹭们早已 **2** 只 **2** 只聚在一起，等待着捕食。

可怜的小鱼都被吃掉，**4** 只绿鹭饱餐了一顿。它们深知，成功的关键是拥有耐心、智慧和技巧。

优秀的领航者

浅水湾里有 **5** 只领航鲸，它们迷路了，游离了深海水域。

对于鲸鱼来说，在靠近陆地的浅水区逗留是十分危险的。一个浪打来就能把它们推向沙滩搁浅。

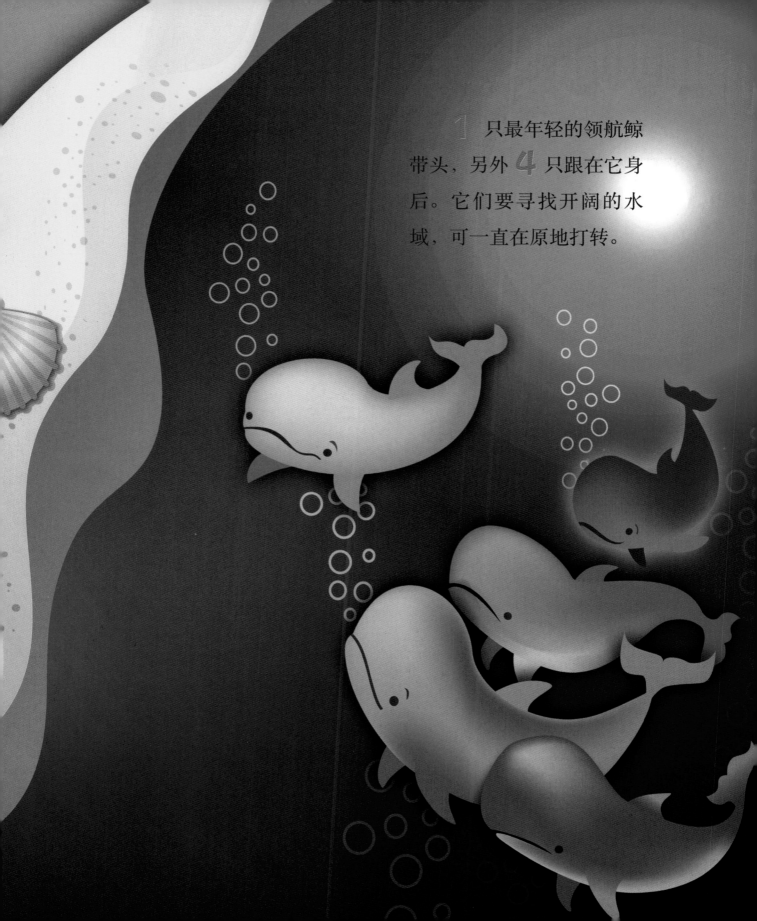

1 只最年轻的领航鲸带头，另外 4 只跟在它身后。它们要寻找开阔的水域，可一直在原地打转。

最年长的鲸鱼前来帮忙，**2** 只
鲸鱼打头阵，另外 **3** 只跟在后面。
它们很快找准方向，安全地游向深海。

多亏了聪明的长者，大家才能
重回深海。那晚，**5** 只安全到家
的鲸鱼，深知是智慧挽救了它们。

会喷水的鱼

6 条鱼正在水面下耐心地等待。它们相信只要目标明确，很快就会有收获。

鱼儿们有一种神奇的捕食方法。它们会喷出高高的水柱，把昆虫击落到水面。

5条鱼看着慵懒地晒着太阳的蜻蜓们，**1**条鱼紧紧地盯着那只色彩鲜艳的蝴蝶。

喷水鱼 **3** 条 **3** 条地快速分成两组，在蜻蜓们逃走之前用力喷水。

蜻蜓们失去重心，重重地摔向水面。鱼儿们又分成 **4** 条一组和 **2** 条一组，很快就吃掉了蜻蜓。

6 条鱼饱餐一顿，十分满足。它们知道，只要目标明确，没有什么是办不到的。

蝙蝠的声音

太阳落山，夜幕降临，正是 **7** 只
蝙蝠出门寻找猎物的好时候。

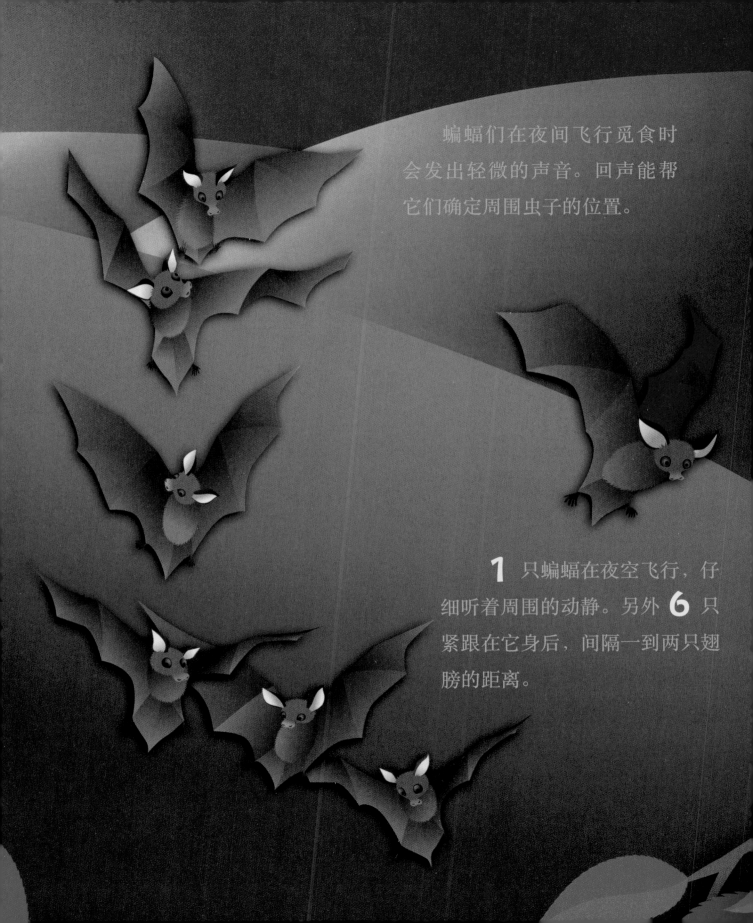

蝙蝠们在夜间飞行觅食时
会发出轻微的声音。回声能帮
它们确定周围虫子的位置。

1 只蝙蝠在夜空飞行，仔
细听着周围的动静。另外 **6** 只
紧跟在它身后，间隔一到两只翅
膀的距离。

5 只蝙蝠探听到喝饱血的蚊子，趁其不备，捉住了它们。还有 **2** 只蝙蝠吃下了亮晶晶的美味零食——两只萤火虫。

一队蚊子飞过来，发出刺耳的嗡嗡声。饿坏了的蝙蝠们分成两组，一组 **3** 只，一组 **4** 只，从高空俯冲下去。

太阳升起前，**7** 只蝙蝠
都享用了一顿大餐。有时候，
好耳朵比好眼睛更有价值！

丢石头

8 只秃鹫在天空盘旋，找寻可吃的腐肉。突然，它们发现地上有一顿美餐。

秃鹫们 **4** 只 **4** 只地分成两组，从天空俯冲到地面。原来这些食腐动物找到了一窝美味的鸵鸟蛋。

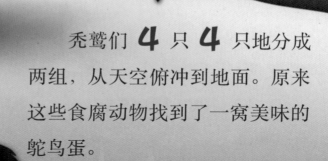

秃鹫打开蛋壳的奇特方
式广为人知，它们不是用嘴
巴啄开，而是用石头砸开。

秃鹫们分成 **5** 只一
组和 **3** 只一组，各自推
着一只鸵鸟蛋。它们想到
一个聪明的方法来品尝这
些美味。

1 只秃鹫用嘴巴叼起一块石头，仔细地对准鸵鸟蛋。另外 7 只很快也照葫芦画瓢。

一只接一只，它们将石头丢出去。6 只秃鹫没能扔准，只有 2 只打开了蛋壳，吃到了里面的美味！

即使有些伙伴没有打中，**8** 只秃鹫还是都美餐了一顿。它们知道，不断努力的人总会成功！

钓白蚁

非洲西部森林里住着 **9** 只黑猩猩。这里远离人类社会，生活既安全又自由。

一天，**1** 只黑猩猩在玩时发现了一个巨大的土堆。

8 只同伴走近一看，地有很多的白蚁！

精明的黑猩猩们可不会
挖洞，它们知道想抓住白蚁，
使用工具会更简单。

2 只黑猩猩教另外
只做钓白蚁的杆子。
门将树枝上的叶子剥去，
一根根戳进地里。

黑猩猩们分成 3 只一组和 6 只一组，耐心地等待着，时不时检查一下有没有白蚁上钩。

有的树枝上有一只白蚁，有的两只，有的三只甚至更多。黑猩猩们分成 5 只一组和 4 只一组，享用起健康的"点心"。

只黑猩猩整个十一月都在忙着钓白蚁，它们知道要想日子过得有趣，智慧一定少不了！

撬壳游戏

阳光灿烂，微风徐徐。**10**只耐心的海鸥终于等来了机会。

整个早上，海鸥们都在等着退潮。它们 **5** 只 **5** 只分组，开始"垂钓"。

经历一场徒劳的反抗，疲惫的螃蟹被 **1** 只海鸥捉到。另外 **9** 只海鸥则发现了一群鲜美的鱼，一口就吃掉了一条。

海鸥们还是很饿，**2** 只海鸥叫了起来。另外 **8** 只冲过去一看，发现到处都是牡蛎。

牡蛎的壳十分坚硬，可海鸥们想到了一个聪明的方法打开——利用重力把牡蛎的壳摔碎。

每只海鸥都叼起一个牡蛎，高高飞向天空。紧接着，它们分成 **6** 只一组和 **4** 只一组，让这些牡蛎从高空坠落。

3 只海鸥找到被打碎的牡蛎，发出信号。另外 **7** 只赶忙飞去，享用了一顿牡蛎大餐。

10 只海鸥吃了一下午，所有牡蛎的壳都被打开。勤于思考和坚持不懈是它们成功的法宝！

　　海马是唯一一个雄性受孕和生育后代的物种。它们是很独特的鱼类，有一条像猴子一样的尾巴，可以钩住植物来保持平衡。在求爱期，尾巴也能帮助双方的身体紧紧相连。

　　世界上有 600 多种桉树，不过树袋熊只会吃其中 30 ～ 40 种桉树的叶子。这些叶子没什么营养，所以树袋熊通过缓慢的移动速度和 20 多个小时的睡眠来保存体力。

　　澳大利亚附近的宽吻海豚是已知最早使用工具的海洋哺乳动物。觅食时使用海绵这一创新行为是它们后天习得的。通过 DNA 分析，人们发现这一行为最早是由一只母海豚发明的。

　　以诱饵捕鱼这一习性既不是绿鹭的天性所致，也不是人工驯化而来。绿鹭可能只是偶然间将东西掉到水面，但它们发现这样可以吸引鱼群浮出水面后，就会故意用这种方法引诱鱼群。

　　鲸鱼为什么会搁浅在海滩一直是一个未解之谜。可能是地球磁场的变化或奇怪的海岸构造让它们变得糊涂，从而离海岸越来越近；也有可能是它们跟着的领队生了病或犯了糊涂。

　　喷水鱼可以射出 1.5 米高的水柱。为了提高精确度，喷水鱼会在猎物的正下方喷水来避免折射现象的影响（即光线从空气射向水中会弯曲）。它们还会跃出水面 30 厘米左右的距离，抓住下落的猎物。

　　蝙蝠利用回声在夜间定位和捕捉猎物。它们会发出高音调的声音，并通过其回声来确定目标物的位置和大小。包括海豚在内的齿鲸和一些穴居鸟类也会使用这一方法定位。

　　鸵鸟蛋是世界上最大的蛋，重 1 ～ 1.5 千克，埃及秃鹫常常要丢好多次石头才可以砸开蛋壳。秃鹫们常常瞄得不够准，而且蛋壳很坚硬，可以支撑一个重达 90 千克的人。

　　珍妮·古道尔是第一个发现黑猩猩会使用工具来捕白蚁的人。黑猩猩还会制作和使用工具喝水，它们会把嚼了一半的叶子当作海绵去吸水。

　　海鸥是十分聪明的物种，它们会把贝壳丢在停车场而不是道路上，避开行驶的车辆。当然，它们还喜欢把贝壳扔到沙滩、巨石和屋顶上。